广西自然科普丛书

海底热带雨林珊瑚礁

周浩郎　著

U0246373

接力出版社
Publishing House | 全国百佳图书出版单位
Top 100 Publishing Houses in China

图书在版编目（CIP）数据

海底热带雨林珊瑚礁 / 周浩郎著 . —南宁：接力出版社，2021.10
（广西自然科普丛书）
ISBN 978-7-5448-7435-9

Ⅰ . ①海… Ⅱ . ①周… Ⅲ . ①珊瑚礁—青少年读物
Ⅳ . ① P737.2-49

中国版本图书馆 CIP 数据核字 (2021) 第 201257 号

HAIDI REDAI YULIN SHANHUJIAO
海底热带雨林珊瑚礁

著　　者：周浩郎
策　　划：李元君
监　　制：李元君
摄　　影：周浩郎　苏　搏　杨位迪　陈　骁　刘昕明　黄庆坤　陈　默
责任编辑：俞舒悦
装帧设计：REN2-STUDIO / 黄仁明　袁珍珍
责任校对：林　妍
责任印制：刘　签
社　　长：黄　俭　　总编辑：白　冰
出版发行：接力出版社
　　　　　社址：广西南宁市园湖南路 9 号　　邮编：530022
　　　　　电话：0771-5866644（总编室）　　传真：0771-5850435（办公室）
印　　制：广西昭泰子隆彩印有限责任公司
开　　本：710 毫米 × 1000 毫米　1/16
印　　张：9
字　　数：117 千字
版　　次：2021 年 10 月第 1 版
印　　次：2021 年 10 月第 1 次印刷
定　　价：48.00 元

目
录

珊瑚礁是什么

珊瑚和珊瑚礁

大海浩瀚无垠，生机勃勃，生长着无数令人着迷的生物，其中有一类神奇的生物我们称之为珊瑚。很多人会以为，珊瑚是一种植物，或者是海底的石头；其实，它是一种低等无脊椎动物，属于刺胞动物，与海葵和水母是近亲。珊瑚是由珊瑚虫个体组成的群体，珊瑚虫个体微小，身体柔软，可基部却是珊瑚虫分泌的碳酸钙所形成的坚硬骨架。珊瑚骨架千姿百态，生活于其上的珊瑚在水中摇曳，形貌如花，被人们形象地叫作海石花。自古以来，珊瑚的碳酸钙骨架一直被人们视为宝物，它们被采挖出海，供人们赏玩。珊瑚的骨架，也被称为珊瑚。

珊瑚虫分泌碳酸钙所形成的石灰质骨架堆积并胶结在一起，坚如堡垒，就形成了珊瑚礁。

我们赖以生存的地球，名为地球，实际上表面却存在着大量海水。海洋所覆盖的面积，约占地球表面积的71%。可以说，地球是名副其实的"水球"。有太平洋、大西洋、印度洋、北冰洋等。从冰天雪地的南北极到四季皆夏的赤道，都可见辽阔的蓝色海洋，一望无际。

珊瑚遍布全球海洋，除北极圈以外的海域皆有分布，可分为冷水珊瑚和暖水珊瑚。通常我们所说的珊瑚，是分布于热带和亚热带的暖水造礁石珊瑚，主要分布在南北回归线之间的海域。该海域内海水温度为20℃～28℃，是珊瑚生长的理想温度范围。美丽多姿的珊瑚礁正是由它们所创造。像世界上最大的珊瑚礁——澳大利亚海岸附近的大堡礁就位于热带海域，长逾 2,400 千米。中国的珊瑚，南至美丽的南沙群岛，北至福建东山岛甚至浙江温州洞头县，皆有分布。但中国的珊瑚礁主要分布在热带的南海诸岛和亚热带的华南沿海，总面积约有 3.8 万平方千米。南海的南沙群岛和西沙群岛的岛礁，几乎全部是珊瑚礁构造的岛礁，而涠洲岛的珊瑚礁是我国大陆沿岸分布最北的珊瑚礁。从南沙群岛到华南沿海，珊瑚种类逐渐减少，只有适应性强的珊瑚种类，才能在珊瑚由南向北扩散的过程中，适应不同于热带海洋的亚热带海洋环境条件，存活下来并繁衍至今。

南沙群岛的珊瑚礁，多种珊瑚聚集生长，构成迷人的海底珊瑚礁景观

伟大的地质学家和博物学家达尔文，在历时 5 年的环球考察中，认识了广泛分布于大西洋、太平洋、印度洋的珊瑚礁，深深为之吸引和着迷。但海岸上珊瑚礁的形成和分布格局等问题，也使达尔文陷入了困惑。经过苦苦的思索之后，他终于解开了谜题。就珊瑚礁形成和分布及其与海岸线的关系，达尔文将珊瑚礁分为 3 大类：岸礁、堡礁和环礁。

岸礁是直接从海岸线生长扩展开来的珊瑚礁，大致沿岸分布。

堡礁是因潟湖相隔而与大陆或岛屿的海岸分离的珊瑚礁。

环礁是围绕湖中无岛的潟湖分布的大致圆形或连续的堡礁。

达尔文认为，这些类型的珊瑚礁的形成，与分布有珊瑚礁的海底火山相对于海平面的下降有关。

潟湖：被沙坝或礁体与大海分隔开的海水区域。

岸礁

堡礁

环礁

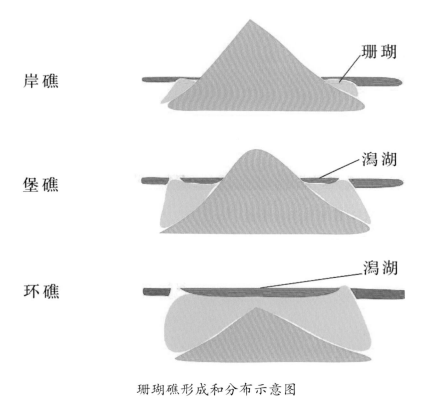

珊瑚礁形成和分布示意图

涠洲岛海岸边火山岩间生长的岸礁

南沙群岛海区 20 米深处的珊瑚景观，清澈的海水下珊瑚生长良好

珊瑚是一种古老的生物。最早的珊瑚，可以追溯到五亿年前的寒武纪。亿万年来，地球上的生物生生息息，灭而再生，珊瑚也是如此。大约 2,000 万年前，今澳大利亚海岸附近的大堡礁开始形成。现今活跃的珊瑚礁，大多形成于约 5,000 年到 10,000 年前。

全世界的珊瑚礁，面积约有 28.5 万平方千米，约占海洋总面积的 0.1%，面积占比虽小，但其中的海洋生物却多如繁星。珊瑚礁长在海底，被一些科学家称为"水下岛屿"，能维系一些独特海洋物种的存在，在除珊瑚礁以外的其他海洋环境中，完全见不到它们的踪影。珊瑚礁维系无数生命的神奇之处，常常使人联想到陆地上的热带雨林，其实，它们是地球上生物多样性极丰富的两种生态系统，而且均形成于热带。其中生物繁多，造成生态系统极其复杂，使人难识"庐山真面目"；物种多样，冠绝全球；物种个性鲜明，结构精妙；物种间关系协调，共同演化。这些就是两者所具有的相似特征。珊瑚礁和热带雨林被公认为是地球上生物多样性极高的两个代表。因此，珊瑚礁才被喻为"海底热带雨林"，至少有 700 种珊瑚、4,000 种鱼类，以及成千上万的其他动物和植物生活在其中，是极其重要的海洋生物生活场所。"芸芸众生"和它们所处的环境相互关联、相互作用，就构成了我们所说的生态系统。在珊瑚礁生态系统中，珊瑚的存在是这一系统存在的根本。没有珊瑚礁，许许多多的海洋生物就会无家可归。

生态系统：由特定区域内生物群体之间及其与非生命环境之间的相互作用所构成并维系的一个系统。

大洋中有许多珊瑚礁岛屿，构成了人类生存的陆地空间。太平洋和印度洋中有些国家就是建设在珊瑚礁上的国度，比如著名的度假旅游胜地马尔代夫。中国的东沙群岛、南沙群岛、西沙群岛、中沙群岛，几乎全是珊瑚礁岛礁。没有珊瑚，这些岛屿和礁石都不可能存在。广西北部湾涠洲岛的居民也因为珊瑚礁的存在而住上了不一样的房子，岛上居民早期的房子都是用珊瑚礁作为建筑材料建造的。

　　珊瑚礁像坚固的屏障，能抵抗海浪和潮汐的冲击，维护海岸的稳定和安全。

　　地球上，约有 5 亿人的生活与珊瑚礁息息相关，他们或从珊瑚礁中获得食物，或从事与珊瑚礁相关的工作，或到珊瑚礁中观光娱乐。据估算，珊瑚礁每年可为人类带来约 2.5 万亿元人民币的经济价值。

海底珊瑚景观，有多种珊瑚在这里聚集生长

珊瑚礁的建造者是谁

珊瑚礁是海洋中的大型水下构造，由珊瑚群落的骨架所形成。这些建造礁石的珊瑚就是造礁石珊瑚，它们本领独特，能从海水中吸收钙元素和二氧化碳，通过钙化作用产生碳酸钙，创造出自身的外骨骼，坚如磐石，经久不衰，使得自身柔软的囊状小身板得到很好的保护。

一个独立的珊瑚，就是一个珊瑚虫，凑在一起就是一群珊瑚虫，它们一代又一代，生生不息。新生的一代珊瑚，生长在祖先的碳酸钙外骨骼上，并继续生成自己的外骨骼，叠加到已存在的珊瑚礁构造上。随着岁月的流逝，珊瑚礁不断成长，越积越大，从最初微小的外骨骼，变成海洋中岛屿一般的巨大存在。

鱼眼镜头下的海底珊瑚礁景观，近景最大的是杯形珊瑚，像盛开的花朵

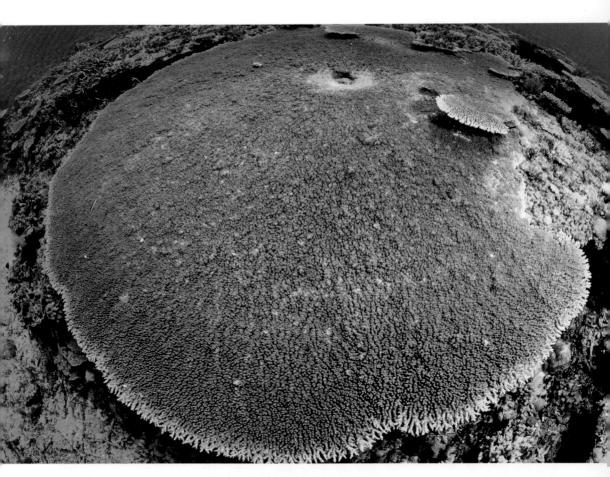

鱼眼镜头下的海底珊瑚景观，巨大的鹿角珊瑚

珊瑚礁的建造者，不仅有珊瑚，还有其他一些海洋动物和植物，如生活在珊瑚礁中的许多海藻、海绵等，还有砗磲与牡蛎等贝类，都在珊瑚礁的形成中添砖加瓦，贡献良多。

桶状海绵

珊瑚与砗磲

除了能建造珊瑚礁的珊瑚，大海里还有一些其他种类的珊瑚，它们并不参与珊瑚礁的建造，被叫作软珊瑚。这些软珊瑚身姿柔软，仪态万千，或像植株，或像树木，海扇和海柳就是它们当中的代表。

姿态优美的海扇

生长在水下 20 米深处的海扇

水下 20 米深处的软珊瑚

水下 20 米深处的软珊瑚

美丽的软珊瑚

为什么珊瑚千姿百态

　　大海中所能见到的造礁石珊瑚，形态多样，有枝状珊瑚、柱状珊瑚、桌状珊瑚、鹿角状珊瑚、壳状珊瑚、块状珊瑚和叶状珊瑚等。珊瑚相互紧密联结在一起，形成各种各样的造型，如巨石盘坐，如石柱擎天，似牡丹盛开，像灵芝静卧，让人看得眼花缭乱。小小的珊瑚虫，是如何造就千姿百态的"海石花"的？

鹿角珊瑚

15

滨珊瑚，体积较大，坚如磐石

合叶珊瑚，像极了人的大脑

涠洲岛的薄片刺孔珊瑚，像盛开的花朵

珊瑚虫虽小，本领却不小，它们就像技艺高超的建筑师和勤劳的泥水匠，日复一日，年复一年，巧妙设计并精心建造自己赖以附着生长的"宝座"（基盘），也就是它们所分泌的碳酸钙形成的骨架。珊瑚虫所建造的骨架整体，就是它们的安身立命之所。

　　奇妙的是，珊瑚石像人类建造的结构复杂的房屋一样，有许多小隔间。这些小隔间由膜或壁分隔彼此，珊瑚石内布满以放射状骨架隔出的隔壁。隔壁向内，会长出隔壁裂片；隔壁向外，会长出隔壁肋。隔壁汇聚到珊瑚石中央，纠缠在一起形成的柱，叫作轴柱。珊瑚石由隔壁隔出多少隔间，长出什么样的隔壁裂片和隔壁肋，全部由珊瑚虫这个"建筑师"所决定。同一种珊瑚虫所建造的珊瑚石，形状都是一样的。不同种类的珊瑚虫所建造的珊瑚石，形状不同，即便有的很像，但还是存在可以区分的特征。

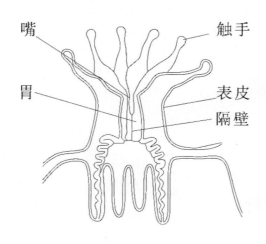

珊瑚虫结构示意图

珊瑚的触手，是珊瑚捕捉猎物的器官

珊瑚的触手捕捉到小动物时触手上的刺细胞可毒杀小动物

19

角孔珊瑚水螅体的触手在海水中摇曳

珊瑚虫所居住的一个个杯状的骨骼称为珊瑚杯。珊瑚的珊瑚杯各自
独立，珊瑚触手清晰可见

珊瑚的珊瑚杯，中央为珊瑚的口

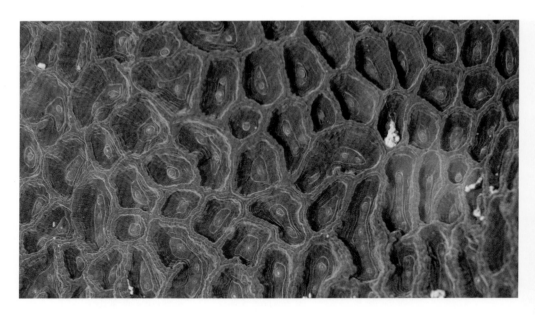

珊瑚杯壁共有的珊瑚

珊瑚杯壁独立的珊瑚

长满礁石的块状珊瑚，独立的珊瑚杯清晰可见

珊瑚杯沟回形的块状珊瑚

23

珊瑚杯独立的块状珊瑚

珊瑚可根据珊瑚石隔壁的数量分为两类：一类是 6 或 6 的倍数；一类是 8。这两类珊瑚分别是六放珊瑚和八放珊瑚。尽管珊瑚石隔壁数量只有 6 或 6 的倍数和 8 两种，但它们的排列和结构方式千差万别。世界上珊瑚的种类多达 700 余种，这些不同的珊瑚虫所建造的珊瑚石，形状各异，反映了珊瑚虫本身的结构特点以及珊瑚虫群体聚合在一起生活的方式。

　　珊瑚石的结构，取决于珊瑚虫，因珊瑚种类的不同而有所不同，就像不同的建筑师建造出的建筑不同一样，珊瑚石也呈现出多种多样、千奇百怪的形态。珊瑚石隔壁的特征，如隔壁的圈数和厚度，都是辨别不同珊瑚的依据。

火焰滨珊瑚

水下 10 米深处的珊瑚景观

水下 3 米深处的杯形珊瑚，色彩缤纷

水下 5 米深处的火焰滨珊瑚

涠洲岛珊瑚礁——
中国最北缘的珊瑚礁

涠洲岛是广西沿海最大的离岸海岛，被誉为一流的旅游胜地，名闻遐迩。它是我国最年轻的火山岛，形成于第四纪早更新世到中更新世（142万—49万年前）和晚更新世末期（3.6万—3.3万年前）两个阶段的多次火山喷发，距离北海市约20海里。但是，很多人还不

涠洲岛鳄鱼山附近海岸边生长的珊瑚

知道，除了奇特的火山与海蚀地貌，涠洲岛也是珊瑚礁的家园，一个能让你近距离观赏和认识珊瑚礁的好地方。这里气候温和，海水较浅，环境条件适合珊瑚生存，70%的海岸线外浅海生长着珊瑚。

涠洲岛火山岩海岸边生长的珊瑚

珊瑚从南方来

麻姑，中国古代神话传说中有名的长寿女神仙，曾三次见证东海变为桑田。沧海桑田不只是美丽的神话传说，更是地球上真实发生过的变化，因为海平面会随着气候变化而升降。约 1.8 万年前，地球曾经历了很长时期的低温天气，比现在的气温低得多，那时候，更多的水形成了冰川和冰盖，地球上冰增多、水减少，导致海平面下降，比现在的海平面低约 100 米。气温上升和下降，引起冰川融化和形成，从而造成海平面的升降，导致海水向陆地侵进（海侵）和海水从陆地退缩（海退），大陆海岸线也随之变化。

我们生活的地球，是宇宙中一个有生命存在的美丽星球，它自从诞生以来，一直在不断地变化。所谓的沧海桑田，在地球的演化历史当中，不过是其诞生以来很短的一瞬间，然而，对于人类而言，却又是变化翻天覆地的漫长阶段。涠洲岛的变迁，便是沧海桑田的最好例证。

涠洲岛北岸的牡丹珊瑚和刺孔珊瑚

距涠洲岛不远的斜阳岛海底生长的棘穗软珊瑚

涠洲岛的分离指形软珊瑚

1.5 万年前，涠洲岛并非茫茫大海中的小岛，而是一座火山喷发后形成的小山，与大陆相连。那时候，地球的气候正慢慢变暖，冰川逐渐消融，海水因冰川融化逐渐增多，导致海平面不断升高。约 1 万年前，海平面上升，涠洲岛从此与大陆隔海相望，与相距不远的斜阳岛，成为了广西北部湾内的"大小蓬莱"。距今约 7,000 年，海水上升到了大致目前的高度。海水的到来，引来了生活于海洋中的生物，原来郁郁葱葱的陆地世界，变成了蓝色无垠的海洋世界。会游泳的生物，如鱼、虾、蟹，随着海水游进了北部湾；不会游泳的生物，也会释放生殖细胞，随海水漂流不断北进，落户北部湾。固着海底生长的珊瑚，也通过释放生殖细胞，随波逐流，来到了北部湾，来到了涠洲岛。

那么，涠洲岛的珊瑚源头在哪里呢？

神奇的珊瑚三角

"在地球仪或地图上，瞥上一眼东半球，就会发现，在亚洲和澳大利亚之间，存在诸多大小不一的海岛，彼此相连成群，迥异于广袤的陆地，且极少与大陆相连。这些岛屿遍布赤道，沉浸在茫茫热带海洋的温热海水之中。该地区气候大致相同，又热又潮，赛过地球上其他任何一个地方，自然物产特别丰富，世所仅见。"这是英国博物学家阿尔弗雷德·拉塞尔·华莱士所著的于 1869 年首次出版的近代生物地理学奠基之作《马来群岛》一书中的开场白。

生物地理学，即研究植物、动物和其他生命形式地理分布的科学。环境决定生物的分布格局，生物的分布因环境的变化而变化。

在中国南海最靠近赤道和珊瑚三角的南沙群岛，繁盛的海底珊瑚礁景观

斑带蝴蝶鱼

叉鼻鲀

黑背蝴蝶鱼

1863 年，华莱士在写给英国皇家地理学会的论文中，在地图上画下一红线。红线起自印度尼西亚的巴厘岛和龙目岛之间的深海海峡，一直穿过位于印度尼西亚加里曼丹与苏拉威西两岛之间的望加锡海峡。后来，另一位英国博物学家赫胥黎引用过这条线，并称之为"华莱士线"。当时学术界称这条线为"南洋群岛东西不同生物分界线"。

　　过去的几十年里，生物地理学家们纷纷划出了海洋生物多样性中心区域。这些区域虽然形状各异，但都聚焦于印度尼西亚和菲律宾的群岛。直到第二次世界大战之后，珊瑚生物地理学才走到了海洋生物地理学的前沿。当科学家将珊瑚种类与其分布地点对应之后，他们发现印度尼西亚和菲律宾群岛区是珊瑚多样性的中心，也就是在印度尼西亚、马来西亚、菲律宾、东帝汶、巴布亚新几内亚、所罗门群岛之间的三角区域，被称为"珊瑚三角"，面积达 600 万平方千米。

黑带鳞鳍梅鲷

中国南海的珊瑚景观

珊瑚三角有605种造礁石珊瑚，占全球造礁石珊瑚种类数的76%，其中15种属于特有种。

　　珊瑚三角的珊瑚礁鱼类比世界上其他任何地方都多，目前已记录的达2,228种，占全世界珊瑚礁鱼类种类数（6,000种）的37%，占印度—太平洋地区珊瑚礁鱼类种类数（4,050种）的55%，其中约11%（235种）的珊瑚礁鱼类是当地特有种。

珊瑚礁里的稚鱼群，反映出珊瑚礁生态系统拥有很高的生产力。因为珊瑚礁生态系统生产力的主要贡献者之一就是浮游生物。浮游植物和浮游动物为稚鱼提供了丰富的食物，简而言之就是浮游植物多，浮游动物多，稚鱼就多

无斑拟羊鱼，成群结队在珊瑚礁中游动

色彩鲜艳的拟花鮨

黑斑绯鲤

粒突箱鲀

六带豆娘鱼

霓虹雀鲷

杂色尖嘴鱼

真丝金鳒

44

中国南海，游荡在礁坡上珊瑚礁里的角镰鱼

中国南沙群岛的珊瑚景观

珊瑚三角还分布有全世界 7 种海龟中的 6 种，包括不具外龟甲的棱皮龟。

在这里，可以经常见到世界上最大的动物——蓝鲸，还可见到抹香鲸、海豚、江豚以及濒危的儒艮。这里，堪称海洋生物的天堂秘境。

科学家们相信，珊瑚三角是珊瑚多样性的中心，印度—太平洋的珊瑚是从这里扩散开的，涠洲岛的珊瑚源头也正是这里。

在珊瑚三角，海水清澈，光线可以穿透更深的海水，珊瑚能够在更深的海底获得它们所需的光照；在珊瑚三角，气候温暖，海水温度波动不大，珊瑚更易适应。毫无疑问，这些条件都有利于珊瑚的生存，也是珊瑚三角形成的根本原因。

南沙群岛清亮的海水，透光度好，充足的光照是珊瑚生存的重要条件

那么，除了这片珊瑚三角，为什么珊瑚还能远播千里之外，在茫茫大海的其他小岛上繁衍兴盛呢？让我们来揭晓这个答案吧！

千里迢迢到涠洲

随着海平面的上升，珊瑚由温暖的南海南部向温度较低的南海北部湾扩散，原本生活在热带海洋的珊瑚，在扩散过程中，遭遇了与热带海洋不同的亚热带向热带过渡的环境，如海水温度较低、海水透明度较低等，而这些条件都是不利于珊瑚生存的。在迁徙之路上的珊瑚，面临着严峻的考验。

在充满挑战的新环境里，只有那些特别顽强、适应能力特别强的珊瑚才能存活下来，这取决于珊瑚的遗传特性和适应能力。有的珊瑚天生适应性强，如块状的盘星珊瑚和滨珊瑚等；有的珊瑚则很不幸，适应性比较弱，如枝状的鹿角珊瑚和杯形珊瑚等。如今，我们能在涠洲岛见到的珊瑚，都是适应了当地条件的珊瑚，虽然它们来自热带海洋，但现在已经是地地道道的北部湾珊瑚了。

经历了生存考验的珊瑚在涠洲岛安居下来，生儿育女，一代又一代，繁衍至今。定居涠洲岛的珊瑚，目前有 80 余种，虽然比珊瑚三角的珊瑚种类少很多，但也形态多样，有形如圆桌、鹿角、盘子的鹿角珊瑚，有形如大漏斗的陀螺珊瑚，有形如大脑的合叶珊瑚，有形如蜂巢的盘星珊瑚，种类繁多，千姿百态，不愧是海中盛开的"海石花"。珊瑚在生长过程中，形成了碳酸钙骨架，骨架不断层叠，就形成了涠洲岛珊瑚礁。

涠洲岛北岸的牡丹珊瑚，覆盖率高

涠洲岛的合叶珊瑚、角孔珊瑚等四种珊瑚

通常，珊瑚礁一直被认为是非常娇贵和脆弱的，属于对环境变化耐受程度较低的生态系统，所能耐受的环境条件范围较为狭窄，仅分布于温暖、清澈、浅水和高盐的海域。珊瑚最喜爱稳定的海洋环境条件，对于珊瑚而言，热带海域的环境条件是最理想的，那里海水更透明，温度较高且变化小，因而它们生长得很好。它们不仅因生长得好而茂盛，还因种类多而多姿多彩。

涠洲岛的盾形陀螺珊瑚

众所周知，热带地区的温度变化相对小，海水温度也是如此。但随着纬度的升高，气温和海水温度的最低温度变得更低，且高低温度的差异幅度变大。除了受限于温度外，珊瑚还受限于盐度、营养水平、光照、悬浮物、沉积物、文石饱和度等因素的影响。当这些因素的变化超出了珊瑚所能耐受的水平，它们就会限制珊瑚的生存和发展。当珊瑚分布海域的环境发生变化，珊瑚生存的限制因素接近珊瑚的耐受极限时，就构成了珊瑚分布的"边缘性"条件。而边缘性条件出现海域所分布的珊瑚礁，就被称为"边缘珊瑚礁"。

涠洲岛的海域环境条件与位于赤道及接近赤道的热带海洋不同，海域的最低水温较低（最低海水表面温度平均值为17.3℃），水体透明度通常不高（通常只有2.6米到6.0米），盐度平均值为32.1，水体营养化较高，这些条件接近于珊瑚能生存发展的边缘条件，会出现珊瑚的耐受极限。位于北部湾成礁珊瑚分布的最北缘的涠洲岛珊瑚礁，正是典型的边缘珊瑚礁。

文石饱和度，即海水中碳酸钙的最大溶解度。溶解度越大，珊瑚就越能利用碳酸钙来创造石灰石珊瑚骨架。

涠洲岛的陀螺珊瑚与海绵

涠洲岛的陀螺珊瑚

涠洲岛珊瑚礁的存在，给我们上了重要的一课。原来，珊瑚礁并没有我们想象的那么脆弱，它不仅分布在温暖碧蓝的热带海域，也可以在冬季比较冷、海水不那么透明的高纬度海域出现，适合珊瑚礁分布的环境其实是多种多样的。

　　不过，由于环境条件与热带海域毕竟有差异，涠洲岛的珊瑚礁也有别于热带的珊瑚礁，块状珊瑚相对占优势，如滨珊瑚、盘星珊瑚、角蜂巢珊瑚、角孔珊瑚、菊花珊瑚等，而枝状珊瑚占优势的种类不多，如鹿角珊瑚等。块状珊瑚占优势，在于其耐受环境变化的能力较强，这是天赋能力，是遗传决定的。

涠洲岛的角蜂巢珊瑚

涠洲岛的圆突蜂巢珊瑚

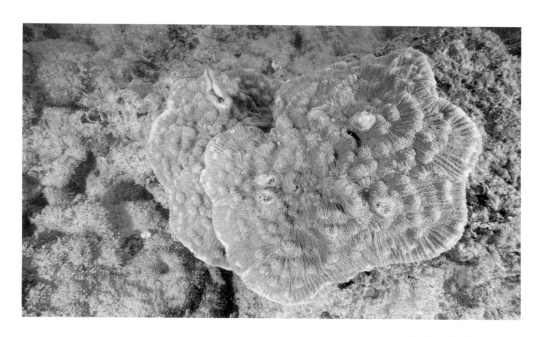

涠洲岛的粗糙刺叶珊瑚

长满礁石表面的交替扁脑珊瑚

涠洲岛海底礁石上聚集生长的多种珊瑚，寸土必争

涠洲岛礁石表面竞相生长的珊瑚，可见明显的边界

56

涠洲岛新生的粗野鹿角珊瑚

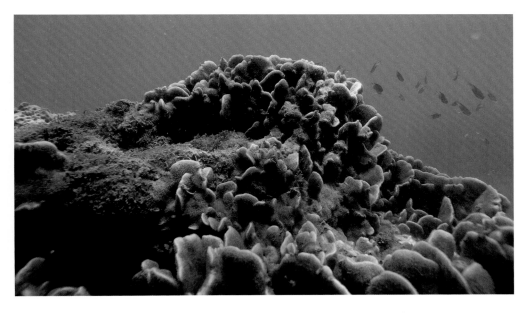

斜阳岛附近的牡丹珊瑚

涠洲岛的合叶珊瑚

涠洲岛的角孔珊瑚，为常见种。摆动触手的珊瑚虫在水中飘舞

涠洲岛的刺叶珊瑚

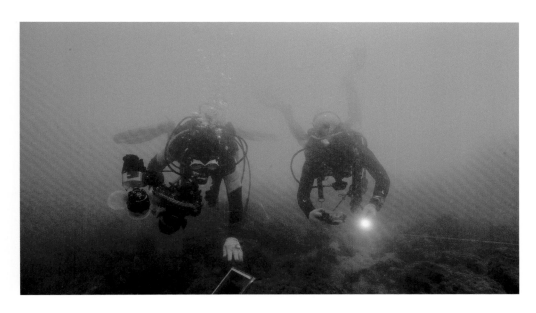

涠洲岛珊瑚礁生态调查，水下能见度不足3米

珊瑚为何色彩缤纷

造礁石珊瑚不仅千姿百态，而且色彩缤纷，吸引着无数人的眼光，让人为之流连赞叹。人们不禁会问，珊瑚为何会有如此多的色彩？这些美丽的色彩又是怎么形成的呢？

微距镜头下的涠洲岛柳珊瑚

微距镜头下的涠洲岛角孔珊瑚

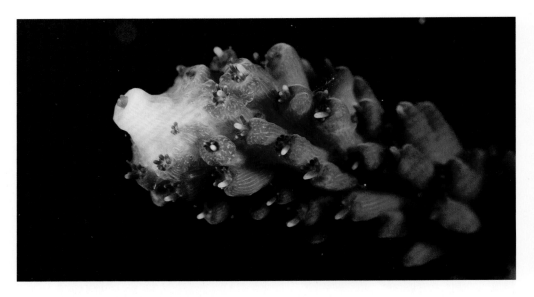

微距镜头下的涠洲岛鹿角珊瑚

微距镜头下的涠洲岛蜂巢珊瑚

珊瑚的能量泵——虫黄藻

所有造礁石珊瑚都有碳酸钙骨架，骨架堆积在一起，可以大到形成珊瑚礁。碳酸钙骨架形成的秘密，就在于珊瑚有一位神奇的帮手——虫黄藻。虫黄藻本是一种微小的属于藻类的低等植物，却有着高强的本领。它们生长于珊瑚体内，能进行光合作用，将光能转换为营养和能量，供珊瑚使用，可满足珊瑚80%的营养和能量需要。只要有光照，珊瑚的能量就源源不断。因此，珊瑚能越长越大，形成一层又一层的碳酸钙骨架。

涠洲岛的西沙珊瑚

由于虫黄藻需要光进行光合作用，因此珊瑚多生长在透光的较浅的海底，深度通常不超过25米。在海水浑浊的海域，光线所能穿透的水层不深，所以珊瑚也就只能分布在更浅的海底了。

涠洲岛的西沙珊瑚，因海水透明度不高而分布在较浅的海底

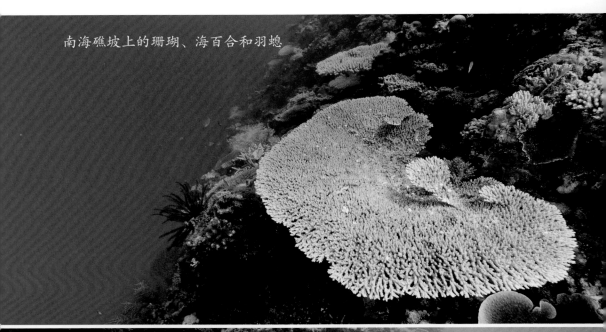

南海礁坡上的珊瑚、海百合和羽螅

南海礁坡上的鹿角珊瑚展开生长以获取光照

南海礁坡上的桌状鹿角珊瑚

南海海底密集生长的珊瑚

南海海底形状各异的珊瑚

南海粗壮的杯形珊瑚和桌状鹿角珊瑚

南海浅海中的杯形珊瑚和滨珊瑚

红色壳状珊瑚藻、绿色仙掌藻和珊瑚

海中的造礁石珊瑚，颜色五彩斑斓，煞是好看。珊瑚多彩的秘密就隐藏在与其共生的虫黄藻身上。珊瑚的颜色，正是这些藻类的颜色。虫黄藻为珊瑚提供营养和能量，珊瑚为虫黄藻提供平安的家，各取所需，各得其所。珊瑚究竟要穿什么颜色的美丽"外衣"，还要取决于虫黄藻所含的色素，以及与珊瑚的需要有关，并不能随心所欲，想怎么美就怎么美。

涠洲岛北港的刺孔珊瑚

　　浅水处的珊瑚会呈现紫色、粉色和蓝色，以保护其不受紫外线的伤害。

未老也会发白的珊瑚

可是，珊瑚与虫黄藻相互依赖的共生关系，也会以一种令人伤心的方式结束。当与珊瑚共生的虫黄藻被逐出体外，珊瑚就会失掉颜色，变得透明，呈现白色骨架的颜色，如同垂暮之年的老者，奄奄一息。

那么，珊瑚对其赖以生存的虫黄藻，为何要不留情面地赶走呢？

原来，温度、光照或营养条件的变化，都会给珊瑚带来压力，处于压力下的珊瑚，就会把共生于体内的有用的虫黄藻当成没用的不良异物赶出体外。虫黄藻的离去，使得珊瑚赖以生存的营养和能量难以为继，珊瑚因此而发白的现象，就叫作"珊瑚白化"。

涠洲岛的十字牡丹珊瑚

71

白化的珊瑚，并不一定会死。但如果所受压力长期不减，就会因虫黄藻的彻底离去而走向死亡。所幸的是，如果受到的压力及时减缓，白化的珊瑚就会因虫黄藻的回归而重获新生。

珊瑚白化非同小可，一旦珊瑚因此而死亡，珊瑚礁将无力回天，即便少量珊瑚能幸免于难，也仅能苟延残喘，难以挽回珊瑚礁退化的困局。

更严重的是，珊瑚白化现象很少孤立发生。由于气候变化影响的范围很广，其中所分布的珊瑚极可能遭遇同样压力而同步白化。因此，珊瑚白化会表现为大范围发生的现象，同处一个生态大区的珊瑚，都可能同步白化，甚至死亡殆尽。

生态大区：地球上广大的地理区域，其中的生物种类有别于其他区域，它们的进化存在一定程度的共同演化，在包括地貌特征（孤立海岛和陆架系统，半封闭海域）、水文地理特征（海流、上升流、海冰动态）、地理化学影响（营养供应和盐度的大尺度要素）等非生物特征所限定的边界内完成。

由于地球气候变暖，珊瑚礁正经历越来越频繁的白化事件。2016年、2017年和2020年，澳大利亚大堡礁都发生了严重的珊瑚白化事件，长达2,400千米的珊瑚礁，因为海水温度超过30℃，珊瑚白化而一片死寂，海底原来生机勃勃的珊瑚繁茂景象，变成遍地"白骨"的一片惨状。

1998 年，涠洲岛珊瑚礁也发生了珊瑚白化事件。由于厄尔尼诺现象的发生，当年夏天涠洲岛的海水温度偏高，达到了 31℃，造成了珊瑚白化死亡，尤其是枝状鹿角珊瑚的死亡。直到今天，死去的鹿角珊瑚也没能恢复原貌。2020 年夏天，涠洲岛珊瑚礁再次出现珊瑚白化，同样因偏高的海水温度引起。

珊瑚热白化：海水变暖导致的珊瑚白化现象。

厄尔尼诺现象：东部热带太平洋表层水异常温暖的现象。

全球气候变暖，正在威胁着地球上美丽富饶的珊瑚礁，只有减缓并扭转全球气候变暖趋势，才能使珊瑚礁得以延续下去。这是一个艰巨而又迫切的任务。

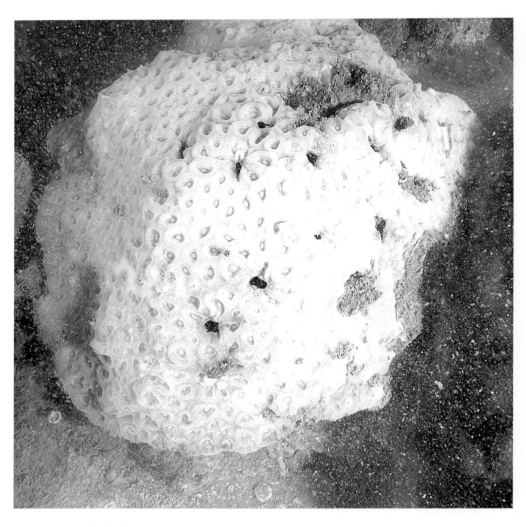

涸洲岛热白化的珊瑚

涠洲岛热白化后恢复的珊瑚。珊瑚的颜色随着水温的下降重新显现，表明珊瑚在热白化事件中躲过一劫而重现生机

涠洲岛热白化的软珊瑚

九死一生的珊瑚宝宝

像人类和其他动物一样，珊瑚家族也要传宗接代，发展壮大。珊瑚繁殖下一代的方式主要有三种，即无性繁殖、分枝繁殖和有性繁殖，其中有性繁殖最为常见。

珊瑚的有性繁殖，离不开珊瑚在海水中释放配子（精子和卵子），这会发生在一年中某个特殊的夜晚，而这个夜晚将取决于包括月相在内的多种因素。

月相：阳光总是照亮月球的一半表面，然而，我们从地球上所看到月球的光亮范围每天都在变化，这就是月相。

珊瑚宝宝的诞生

珊瑚的配子是同步释放的，大量的珊瑚配子同时释放，会在海中形成珊瑚"配子云"，这是一幕蔚为壮观的场景。

珊瑚之所以要同步释放配子，是因为只有将大量的珊瑚配子同时释放到茫茫大海中，它们相遇配对的概率才会更大，精子和卵子才有更多机会结合成为受精卵并发育成新的珊瑚；然而，寄托着珊瑚繁衍希望的配子，却又是一些海洋生物尤其是某些鱼类的美食，它们对珊瑚配子垂涎欲滴，常趁珊瑚释放配子之机大快朵颐。如果珊瑚配子的数量不够多，就会被吃得所剩无几，那么精子在大海中邂逅卵子的机会就会大大减少。

另外，大量的珊瑚配子同时出现在海水中，也增加了珊瑚杂交生成优良后代的机会，对珊瑚的繁衍大有好处。

随波逐流的珊瑚宝宝

珊瑚卵子受精后，会发育变态成为浮浪幼虫，浮浪幼虫最终会沉底固着，然后变态成为珊瑚虫，开启珊瑚的新生。这一切多发生在珊瑚配子释放后的若干小时内。浮浪幼虫沉底固着前，过的是漂浮不定的生活，随波逐流。虽然浮浪幼虫也会游泳，但相比海流，它们的游泳速度简直不值一提，甚至在静水中，1小时也游不出10米去，比海流的速度要慢上几个节拍。因此，浮浪幼虫的命运几乎完全取决于海流，去向何方，能否沉底，完全听天由命。这真是一场危机四伏的旅程！

珊瑚生活史示意图

所幸，珊瑚浮浪幼虫自身带有来自母体的能量，还可以获得虫黄藻的帮助，取得能量，因此可以支撑它们在大海中漂浮一些日子，最长可达 200 天。这样，它们遭遇海底的机会就多一些，活下来发育成新的珊瑚的机会也多一些。但浮浪幼虫漂浮时间越长，活力越差，能成功沉底附着的越少。可见，尽管珊瑚在一个晚上可以释放数目堪称天量的配子，但能沉底固着存活下来的却少之又少，这些活下来的浮浪幼虫真是上天垂青的幸运儿了。

海南三亚的中华扁脑珊瑚

海南三亚的盘星珊瑚

海南三亚的盘星珊瑚

海南三亚，长得像脑回的合叶珊瑚

海南三亚的合叶珊瑚

海南三亚的菊花珊瑚

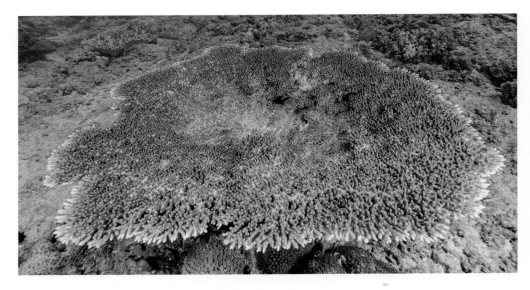

海南三亚海域硕大的桌状鹿角珊瑚，宽度可达 1 米以上

海南三亚的刺星珊瑚

海南三亚的陀螺珊瑚

海南三亚的盔形珊瑚

海洋生物的乐园

珊瑚礁被公认为是地球上生物多样性最高的生态系统之一，甚至比热带雨林还高。虽然珊瑚礁只覆盖了海床 0.1% 的面积，却有超过 25% 的海洋生物以其为家，堪称八方来聚、万类云集的海洋生物乐园。

珊瑚骨骼是最优良的鱼礁，因此珊瑚礁区的鱼类不仅丰富而且丰度极高

珊瑚礁里生物多

珊瑚礁就像一个大千世界，因为珊瑚这个纽带的存在，众多的生物相互关联，共同生活在其中，繁荣茂盛，生机勃勃。据估计，珊瑚礁中动物和植物的种类超过 100 万种。

珊瑚礁中的鱼类多种多样，数不胜数。它们的身体色彩艳丽，图案奇妙，有花斑状、条斑状、斑点状甚至奇形怪状的。它们中有鲨、石斑、鲷、鲹等肉食性鱼类，也有雀鲷、鹦嘴鱼、蓝子鱼等珊瑚食性或植物食性鱼类。其他类别的生物，有美人虾、龙虾等甲壳动物，有海参、海星、海胆、海百合等棘皮动物，有法螺、砗磲、虎斑宝贝等软体动物，有马尾藻、喇叭藻、仙掌藻等藻类，有旋鳃虫等多毛类动物，有海绵动物，有海鞘等被囊动物，还有海龟等爬行动物。

珊瑚礁中游动的三点阿波鱼

南沙群岛的石笔海胆，白昼隐藏，夜间出没

面包海星

双斑栉齿刺尾鱼，喜欢啃食珊瑚礁石上的藻丛

角镰鱼

长着厚嘴唇的条斑胡椒鲷，俗名软唇

中华管口鱼

曲纹蝴蝶鱼在吃珊瑚

珊瑚礁中的生物，相互之间构成错综复杂的关系，就像一张结构精妙的关系网，维系着整个珊瑚礁生态系统的平衡。

海洋中微小的浮游植物依赖阳光进行光合作用，将能量转化成营养和生物物质，构成了海洋中的初级生产力。海水中营养物质越多，浮游植物的生产力就越高。浮游植物会被浮游动物或鱼类、贝类、虾蟹等幼体所食，浮游动物和这些幼体又会被更大的海洋生物吃掉。通过植物的光合作用，大鱼吃小鱼，小鱼吃虾米，虾米吃"泥土"，珊瑚礁中的能量和营养就这样发生了转化和流动，而且转化和流动得很快。

就这样，珊瑚礁构成了地球上生产力最高的生态系统之一，所产出的生物量可与热带雨林相提并论。其中起关键作用和作出主要贡献的就是珊瑚，没有珊瑚，大海的生产力就没有那么高，也就不会有那么多的海洋生物。

珊瑚礁中的海兔

珊瑚礁中的黑边海牛

当然，对珊瑚礁系统的存在和平衡作出贡献的还有其他生物。

例如，植食性的生物可以吃掉藻类，阻碍藻类的疯狂生长，避免珊瑚被竞争对手藻类所窒息。鲨鱼、石斑、鲹等肉食性鱼类会捕食其他小鱼或其他生物，从而维持这些生物种群的平衡；鹦嘴鱼在啃食礁体的同时，还将珊瑚骨骼磨碎为沙粒，珊瑚礁的沙滩因此而形成；还有一些鱼虾是"清洁工"，为其他鱼类清洁皮肤，消除这些鱼体表的寄生虫；海底爬行的蟹和海参，在礁体和海底寻食腐肉和有机碎屑，把海底打扫得干干净净；蠕虫和单壳贝类等在珊瑚礁中所起的作用也不容小觑——蠕虫可以滤食水体和底质中的有机物质，而帽贝和海螺能吃掉藻类。海螺又会成为海星的美餐，而海星又会被法螺吃掉；海百合和蛇尾等棘皮动物，会捕食海流中的浮游生物；海葵与小丑鱼、蟹形成共生关系，相互保护，相互利用；海鞘和砗磲等会滤食浮游植物。

涠洲岛的褐舌藻　　　　　　　涠洲岛的总状蕨藻，俗称海葡萄，可以食用

涠洲岛珊瑚礁中镶嵌生长的贝类

涠洲岛的交替扁脑珊瑚，可见贝类镶嵌其中生长

涠洲岛珊瑚礁中的侧花海葵

涠洲岛珊瑚与海葵

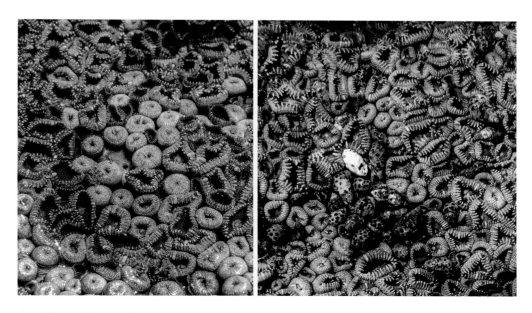

涠洲岛的群体海葵　　　　　　　　　　　涠洲岛的群体海葵

珊瑚礁中的粒皮海星　　　　　　海南三亚珊瑚礁中的海星和海参

定居在珊瑚礁中的还有一类不起眼的低等生物，叫作海绵。海绵固定生长在海底，有很多种，形状多样，色彩各异，身体布满空隙，用手一捏，可以挤出水来。海绵迥异于其他动物，它们没有神经，没有肌肉，更没有器官，但身体布满了细胞和纤维，身体内部密布错综复杂的管道，并开口于体表。海绵虽为低等动物，身体结构简单，但却具有高强的本领，它们不仅可以吸收流过身体管道的海水中的营养，即溶解有机物，还可以在利用营养后将溶解有机物转变为细胞碎屑，而细胞碎屑又可以成为珊瑚礁中其他消费者的食物，海绵靠着这一独门绝技而被称为"海绵泵"。另外，海绵体内的错综水道，为软体动物、蠕虫、小型鱼类等提供了生境；海绵的复杂体表，又可被藤壶和其他小型甲壳动物所附着。海绵本身也可以成为海兔、海星、海龟和鱼类的食物。

涠洲岛的江珧和海绵

涠洲岛的桶状海绵

涠洲岛珊瑚礁中的桶状海绵和贝类

可见，珊瑚礁里的生物不管外表惹眼还是低调，都有着自己独特的本领，能为珊瑚礁这个共同的大家庭作出贡献，而且彼此相依相伴、难舍难分，谁也离不开谁。

涠洲岛珊瑚礁中的斑刻新雀鲷和尾斑光鳃鱼　　　涠洲岛珊瑚礁中的线尾锥齿鲷

南沙群岛蝴蝶鱼的一种

危机四伏的杀戮场

珊瑚礁里并非完全是海洋生物相安无事的乐园，它也是危机四伏的"杀戮场"，其中潜藏着很多本领高超、手段出奇的"杀手"。

依据食性，珊瑚礁中众多的鱼类可以简单地分为三类，即肉食性鱼类、植食性鱼类和杂食性鱼类。肉食性鱼类又可依据其捕食的方式分为三类，即追杀者、猎杀者和伏杀者。追杀者是那些以游动速度见长的鱼类，如鲨、鲹等，它们捕食的对策简单明了，直接追杀，靠速度取胜；猎杀者是那些借助机动性和遮蔽物伺机捕杀猎物的鱼类，如裸颊鲷、鲔、鲈、笛鲷等，它们伺机而动，一招致命；伏杀者是那些善于隐身、守株待兔的鱼类，如鬼鲉等，它们通过拟态、隐蔽甚至引诱等手段，待猎物靠近时发动突然袭击，使猎物猝不及防地被摄入口中。

拟态，是指一种生物在形态、行为等特征上模拟另一种生物或环境，从而使一方或双方受益的生态适应现象。

100

埋伏在海绵中的波氏拟鲉

珊瑚礁中的触角蓑鲉

蓝指海星，具有变色的本领，有时候看上去是红色的

在珊瑚礁肉食性鱼类中，裸颊鲷科、笛鲷科、鲐科鱼类构成了其中的大多数，它们主要以甲壳动物、鱼和软体动物为食，鲐科鱼类却更多地摄食游泳生物。对鲐科和笛鲷科鱼类而言，软体动物是同样重要的食物；相比鲐和笛鲷，裸颊鲷更偏爱吃运动性弱的食物，它们更多摄食软体动物，而较少吃游泳生物和甲壳动物。

这些鱼类表现在摄食上的差异，在一定程度上与其所处环境和与什么生物相伴有关。裸颊鲷生活在珊瑚礁区和软质海底的海区，而笛鲷和鲐主要在珊瑚礁区捕食。此外，鱼类摄食上的差异还与其捕食行为有关，笛鲷和裸颊鲷都是成群结队游动的鱼类——鱼群大，则个体小；鱼群小，则个体大；鱼越大，鱼的地盘越大。群游的鱼倾向于摄食聚集的猎物，比如双壳类、海胆和小型底栖鱼类、鲱鱼等，凤尾鱼群常被成群的笛鲷围歼。独游的鱼就像独行侠，常常摄食那些移动性的猎物。

珊瑚礁中的海参

大口线塘鳢，属小型珊瑚礁鱼类，它们构成了珊瑚礁食物链重要的一环

涠洲岛珊瑚礁中游动的铅点多纪鲀

黑带鳞鳍梅鲷

珊瑚礁中的金带齿颌鲷，尾斑金光闪闪

白天喜欢在珊瑚礁洞内睡觉，夜晚才出来觅食的肉食性鱼类康德锯鳞鱼

以上三类鱼的食物结构，都有一个共同点，即鱼越大，吃有鳍鱼类就越多，吃甲壳类就越少。这些鱼长大后机动能力增强，更乐于捕食其他行动性的有鳍鱼类。

尾纹九棘鲈，为石斑鱼的一种

鲐科中的豹纹鳃棘鲈（东星斑）是珊瑚礁中一种有名的石斑，它不仅机动性超强，而且眼光更锐利，比它的猎物看得更远更真切。因此，它们会趁涨潮海水混浊时在珊瑚礁中搜寻猎物，凭借好眼力先于猎物发现对方，然后猛烈出击捕获猎物。就凭这一独门绝技，东星斑不愧是珊瑚礁中的好猎手，丰富多样的生物任其捕食，没有为吃而发愁的时候。在珊瑚礁中，东星斑可谓趾高气扬，气势非凡——我的地盘我做主！

美丽的珊瑚礁，风光无限，但在无限风光之下，却杀机暗藏，弱肉强食。生态系统中的生物，因吃和被吃构成了彼此之间的营养关系，被吃的生物营养层级低，摄食其他生物者的营养层级高。食物关系反映了珊瑚礁中不同生物的营养层级。由于珊瑚礁中生物众多，因此营养层级可以分为很多级，不同营养层级中多种多样的海洋生物维持了珊瑚礁生态系统中能量和营养的流动，维持了珊瑚礁生态系统的生态平衡。

今天，如果你在珊瑚礁中捕获一尾凶猛的东星斑，可它的胃却空空如也，你会怎么想？究竟是小鱼幸运地躲过了东星斑的利口，还是东星斑已经很难碰到自己的猎物了呢？

豹纹鳃棘鲈（东星斑）

珊瑚的同盟军——鹦嘴鱼

珊瑚礁中有一类鱼，与珊瑚关系密切，它们除了吃珊瑚本身，还吃礁石上附生的藻类或其他生物。这些鱼色彩艳丽，常呈绿色，所以人们给它们起了个好听的名字——青衣。它们就是大名鼎鼎的鹦嘴鱼。顾名思义，鹦嘴鱼长着一副颌齿（门牙），像极了鹦鹉的喙。

在珊瑚礁中，鹦嘴鱼随处可见，全世界约有90种，体长30厘米到120厘米不等，体型较大。除了个头大，鹦嘴鱼的食量也大，由于所食之物的营养和能量不足，使得它们不得不成为大胃王——通过大量摄食来获取足够的营养。它们忙忙碌碌，边吃边拉，在珊瑚礁里放眼一望，时刻都可以见到鹦嘴鱼在排泄。

它们有利刃般的颌齿，还有石磨一样的咽齿，既能咬又能磨，咬下、磨碎珊瑚和礁石都不在话下。从太阳升出海面的那一刻开始，鹦嘴鱼就吃个不停，每分钟可以咬合30次，不停地刨食、掘取珊瑚、礁石附生生物和藻类，就像挖山不止的愚公，忙个不停。只有到太阳落入海中，夜幕降临，它们才休息睡觉。入睡前，鹦嘴鱼会披上"睡袍"——分泌透明的黏液将自己罩起来，封闭自身的味道，好让自己不被肉食性的鱼类发现和被寄生虫缠上。这样，它们才能睡个安稳觉，迎来又一个忙碌的白昼。

入夜后在礁石缝隙间酣睡的鹦嘴鱼

鹦嘴鱼刨食、掘取礁石上食物的同时，会把礁石表面清理得干干净净。被吃干净的礁石表面，可以维持大约一周的空白，有利于珊瑚浮浪幼虫的附着。可见，鹦嘴鱼的摄食行为，为珊瑚的繁衍和发展作出了贡献；而珊瑚的繁茂，又为鹦嘴鱼的生存和繁衍提供了良好的生境和充足的食物。珊瑚礁生态系统中的生物，就是这样在长期的进化中协同演化出互利的关系。

吃下珊瑚、礁石上的生物和藻类的同时，鹦嘴鱼还把吃下的珊瑚和礁石也磨成沙子并排泄出来。这些沙子成为构建珊瑚礁生境的重要成分。一尾鹦嘴鱼，短短六七年的一生中，可以排出 300 千克左右的珊瑚沙。有的大型鹦嘴鱼，甚至一年即可产出 5 吨沙。当你在珊瑚礁区享受美丽沙滩时，别忘了，是鹦嘴鱼创造了它们。

鹦嘴鱼排出的粪便，成为了海水中的营养，可以被浮游藻类所利用。海水中营养充足，浮游植物就繁盛，珊瑚礁海水中的海洋初级生产力就高。这奠定了珊瑚礁生产力高的基础。

小鼻绿鹦嘴鱼

鹦嘴鱼可以变性。原生雄鱼生为雄性，且一生皆为雄性；次生雄鱼生为雌性，性成熟时变为雄性。大多数的鹦嘴鱼出生时都是"千金"，它们同属于一尾超级雄鱼的"宠妃"，直到有一天，超级雄鱼死去，"嫔妃"中个体最大的雌鱼就会转性变成雄鱼，替代死去的雄鱼，担负起超级雄鱼的角色。雄鱼往往体色艳丽，凭此可以区分雌雄。但由于鱼会因变性而变色，且成长过程中也会变色，所以判别鹦嘴鱼的种类并非易事，因为鹦嘴鱼不仅有绿色的，还有蓝色、黄色、红色、橘色和粉色的，当真是珊瑚礁里的"俏佳人"。

灵动的小丑鱼和招摇的海葵

海葵鱼是珊瑚礁里非常醒目和灵动的重要成员。它们通常色彩鲜艳，五颜六色，身披黑色勾勒的橙色与白色条斑，如同马戏中的小丑装扮，故名小丑鱼。它们的中文普通名是双锯鱼。

小丑鱼个体不大，体长多不足 10 厘米，它们生活在珊瑚礁里，与海葵共生。海葵附着在海底，伸展出柔软的触手在海底招摇，看似温柔，却暗藏杀机。海葵的触手布满刺细胞，可以释放毒素，杀死触手所及的猎物或捕食者。在海葵招摇的触手中，小丑鱼穿梭游动，却可以免遭海葵毒手，这是因为小丑鱼独具能耐，其体表会分泌一层黏液，保护小丑鱼免受海葵毒素的伤害，两者因此而构建了和谐的共生关系。海葵不仅是小丑鱼的得力"保镖"，它们吃剩的残羹剩饭也可以被小丑鱼享用；

而小丑鱼可以引诱食物进入海葵的圈套，还可以为海葵清除寄生虫，替海葵"梳妆打扮"。

海葵，中央为口

白条双锯鱼　　　　　　　　　　　　　　　　　　　　眼斑双锯鱼

克氏双锯鱼

白条双锯鱼

小丑鱼外形漂亮，是"帅小伙"还是"俏姑娘"取决于其个体的大小。小丑鱼雌雄同体，是阴阳鱼。它们生为"帅小伙"，却能变成"俏姑娘"，可一旦变性，就无法回头了。有时候，变性发生于小丑鱼交配之时，两尾雄鱼恋爱时，更大更主动的那尾鱼就会变成雌鱼。这和人类的世界不太一样呢。

珊瑚、海葵和克氏双锯鱼

小丑鱼群居在一起，具有社会性。个体最大的领头鱼，是雌鱼；而个体第二大的领头鱼，是雄鱼；其他个体更小的，都是雄鱼。当雌鱼死去时，位居第二的雄鱼就会变成雌鱼，替代死去的雌鱼，而其他小个头雄鱼中的最大者将成为群体中领头的雄鱼。

小丑鱼食性杂，荤素通吃，可以吃肉，也可以吃植物。藻类、浮游动物、蠕虫、小型甲壳动物等，都是它们的家常美食。小丑鱼的胆子不大，在小时候，倾向于待在海葵的保护范围内活动；长大后，会游出海葵保护范围去寻食，但还是不敢冒险游出几米开外。

珊瑚礁中的克氏双锯鱼

海葵与白背双锯鱼　　　　　　　　　与乳头海葵共生的克氏双锯鱼

115

所有的小丑鱼都实行"一夫一妻制"。为迎娶"娇妻"，雄鱼会在海葵附近找块裸露的礁石，打扫干净，营造"爱巢"，然后开始它们精心策划的勾引秀，展示鱼鳍，嗫咬和追逐雌鱼，把雌鱼引到"爱巢"，之后就取决于雌鱼的行动了。雌鱼会在"爱巢"上穿梭几趟才产卵，卵数 100 粒到 1000 粒，卵群 3 厘米~4 厘米长，然后雄鱼游过"爱巢"，释放精子使鱼卵受精，之后雌鱼才放心离开。雄鱼继续呵护卵群，直到 6 天~8 天后将卵孵化出仔鱼。仔鱼漂浮离开，在海中漂游约 10 天后，开始自己新的一生，这时候仔鱼通体透明，直到鱼体出现该种鱼特有的色彩，才表明仔鱼开始成熟为稚鱼。然后，稚鱼会沉入海底，找到一个海葵，便有了归宿，开始与海葵共生的生活。

　　小丑鱼色彩鲜艳、灵动调皮，惹人喜爱，因此经常被捕捉养于水族箱中。我们去水族馆参观的时候，就会看到漂亮的小丑鱼，它们在水族箱中穿梭游动，似乎过着无忧无虑的生活。大多数人很少有机会潜入海底亲眼看看小丑鱼，只有到水族馆参观才有机会认识它们。但是，我们要知道，大海才是小丑鱼的家园，如果人类为了欣赏小丑鱼而过度地捕捉它们，有朝一日，小丑鱼就会陷入濒危境地。目前，世界上每年有 15% 到 30% 的小丑鱼因被捕捞而离开了它们赖以生存的珊瑚礁。设想一下，背井离乡的它们真的会开心吗？

海葵与常常生活在一起的克氏双锯鱼、颈环双锯鱼和三斑宅泥鱼

涠洲岛珊瑚礁的明天

曾经的涠洲岛珊瑚礁，珊瑚茂盛，鱼欢虾跳，好一派海底明丽风光！

当年的珊瑚景观，涠洲岛岛民是这样形容的：珊瑚茂密如织，赶海穿过都不容易，像一座海底花园。有的珊瑚大如圆桌，有的珊瑚形似鹿角，有的坚如磐石，有的随波逐流。这样的画面，光想象一下就多么令人着迷！

直到 20 世纪末，涠洲岛的活造礁石珊瑚覆盖率还高达 60%，再往前上溯到 20 世纪 80 年代，活造礁石珊瑚覆盖率更高达 80%。那时候，涠洲岛海岸线外的浅海中，珊瑚长势喜人，密密麻麻。珊瑚礁中海洋生物丰富而多样，蝴蝶鱼夫妻双双戏游，小丑鱼群聚嬉戏，鹦嘴鱼穿梭忙碌，石斑鱼伺机出击，海鳝摇头晃脑，海参海底蠕行，海藻水中摇曳，海葵竞相绽放，真是一个千姿百态的水族世界。

在涠洲岛珊瑚礁中，调查人员使用水下照相机对鱼类进行观察拍照

在珊瑚礁中游弋的珠蝴蝶鱼

20 世纪 90 年代，涠洲岛上渔民以渔为生，常在珊瑚礁区进行捕捞作业，下海捕鱼、摸虾、捉蟹、捞海参，常常满载而归，渔获物中不乏青衣（鹦嘴鱼）、石斑（鳃棘鲈）、油追（裸胸鳝）、白参（花刺参）等涠洲岛的名贵海鲜。当时，岛民们虽不富裕，但食必有海鲜，吃不完的还会加工成干鱼、干海参等，它们从来都是市场上的抢手货，颇受喜爱海鲜的食客欢迎。但如今，珊瑚礁海区的渔获越来越少，不再有当年的盛况，捕鱼所获收入甚至都比不过带游客体验捕鱼得到的收入。

涠洲岛渔民捕获的逍遥馒头蟹

涠洲岛的日本对虾

涠洲岛珊瑚礁能一直陪伴着我们吗

古诗云："离离原上草，一岁一枯荣。"珊瑚的景况也是如此，如同潮水，有涨有落，起起伏伏。目前，涠洲岛的珊瑚景况已大不如前，活造礁石珊瑚覆盖率已不足 10%。在珊瑚落户涠洲岛后的几千年里，珊瑚到底经历过多少次枯荣转换，历经劫难而后生呢？我们不得而知。但我们知道，在自然状况下，珊瑚群落的兴盛与衰退是自然现象，珊瑚群落的生态演替是不断发生的。但总体而言，处于高级演替阶段的稳定的珊瑚群落是珊瑚礁的常态，也就是我们通常所说的，健康珊瑚礁是常态。

生态演替：群落的发展进程，取决于与生物群落相互作用的非生物和生物因素的长期影响，其过程就是生态演替。

珊瑚礁衰退的自然现象，主要有温度过热引起珊瑚白化、温度过冷冻死珊瑚、台风来袭摧毁珊瑚、长棘海星吃光珊瑚等因素。一旦珊瑚衰退，珊瑚群落又要重新演替，向高级阶段发展。通常，珊瑚群落从衰退中恢复的自然过程，快则需要二三十年，慢则需要近百年。

涠洲岛珊瑚礁的衰退，显然不仅是自然因素的影响所致，人为因素的影响更为明显。人类活动造成的物理伤害、海水污染、工程引起的过量沉积物、过度的捕捞等，都会导致珊瑚礁衰退。由于近年来经济社会的快速发展，涠洲岛珊瑚礁受到人类的影响也越来越大，因此出现的珊瑚礁衰退趋势也难以扭转。涠洲岛珊瑚礁还能陪伴我们多久？面对这个沉重的问题，人类，再也不能无视来自大自然的警示了。

涠洲岛尸骨累累的珊瑚残枝上生长着藻类，吸引摄食藻类的海胆聚集

在涠洲岛生存了数千年的珊瑚礁，并非只有一条不归之路。珊瑚礁能否从衰退中恢复，人为影响的存在与否关系很大。与纯自然状况下的珊瑚礁恢复相比，人为影响下的珊瑚礁修复更为复杂。从人类发展的规律来看，人口的增长会加大对自然资源的利用和对自然空间的占用，这会对自然造成更大的负面影响和压力，对珊瑚礁也是如此。一旦珊瑚礁因人类的负面影响而陷入衰退，珊瑚礁的修复就必须从消除这些影响入手，如果不去除人类影响的负面因素，珊瑚礁的修复就是一句空话。

涠洲岛珊瑚礁自衰退以来，目前尚无恢复的明显迹象。由于海岛经济社会的持续发展，渔业、旅游、油气等产业发展所带来的环境和资源压力仍在持续，涠洲岛珊瑚礁的复苏之路依然艰难。所幸的是，涠洲岛珊瑚尚存，2010 年以来未发生异常死亡，珊瑚礁修复仍大有希望。

21 世纪初，涠洲岛珊瑚曾发生过异常死亡，脆弱的鹿角珊瑚惨遭厄运。图中即是涠洲岛死去的盘状鹿角珊瑚

珊瑚礁的修复，人类并非无从入手，可以采取积极的干预措施。例如，可以投入更多经费开展更多的珊瑚移植，可以根据需要有目的地选择某些珊瑚种类进行移植，按照人类的愿望设计并实践珊瑚礁修复的途径。但人类想要修复珊瑚礁，就必须科学认识自然和人类社会协同影响下的珊瑚礁生态过程，顺势而为，不能违背自然发展的规律盲目行动。

　　2013年，国家海洋局同意建立广西涠洲岛珊瑚礁国家级海洋公园，开始对涠洲岛珊瑚礁实施有组织的保护，消除不利于珊瑚生长的人为影响，缓解不利于珊瑚的自然变化。为促进涠洲岛珊瑚礁的修复，海洋公园尝试利用人工修复的办法，通过建立珊瑚苗圃，开展珊瑚移植，扩大珊瑚种群的数量，推动珊瑚礁群落回归到健康发展的道路上。

在涠洲岛海底的珊瑚苗圃中，潜水工作人员在仔细地查看珊瑚生长状况

珊瑚移植，就是通过人为转移珊瑚，使珊瑚在更适合生长的地方重新茁壮成长，主要目的就是增加珊瑚的覆盖度、生物多样性和地形地貌的复杂性，使珊瑚礁趋向健康发展。珊瑚移植，是通过将珊瑚断枝固定于移植地点使其重新生长而实现的。

如今，生态文明建设已成为关系中华民族永续发展的根本大计。人类与自然和谐共生，共同发展，持续繁荣，是生态文明建设的目标。对于涠洲岛珊瑚礁而言，将其修复到曾经的繁茂状态，也是建立涠洲岛珊瑚礁国家级海洋公园的目的和目标。只要我们认真聆听大自然的教诲，顺应珊瑚礁发展的自然规律，采取科学的保护和修复措施，就有可能更快地实现涠洲岛珊瑚礁的修复。

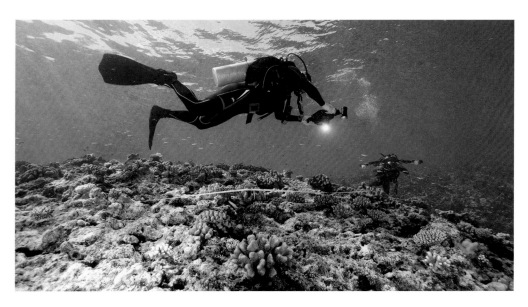

珊瑚礁调查人员在开展样线调查

127

人类所主宰世界的珊瑚礁

当今世界，已进入了被称为人类世的新的地质历史阶段，人类的影响无处不在。气候、地质、水文、生物及地球其他系统，无一不受到人类影响，世界已成为人类主宰的世界。

目前，涸洲岛珊瑚礁的演化，已经不可能脱离人类的影响，像过去的珊瑚礁那样听天由命、自生自灭。在纯自然条件下，珊瑚礁的恢复，是自然因素驱动下的自然恢复；在人类世的世界，珊瑚礁的修复，除了受到自然的影响以外，还受到人类的影响。如果人类的影响不利，珊瑚礁的修复就难上加难；如果人类的影响有利，珊瑚礁的修复就可以化难为易。

要还是不要涸洲岛珊瑚礁？要什么样的涸洲岛珊瑚礁？这是决定涸洲岛珊瑚礁命运的问题，将由人类，也只能由人类来回答。这份答卷的成绩如何，考验着人类的智慧和眼界。涸洲岛珊瑚礁国家级海洋公园的建立，已经表明了人类的态度，还有更多的人、更多的行动，在接力和准备当中。涸洲岛珊瑚礁继续存在下去的意义非同寻常，这不仅仅是为了涸洲岛珊瑚礁的持续发展，更是为了当地乃至整个人类社会的持续发展。

涠洲岛上长势良好的风信子鹿角珊瑚

涠洲岛移植后生长的珊瑚

涠洲岛的鹿角珊瑚，正常生长了约 5 年

涠洲岛金字塔形珊瑚苗架，可见不同水深处的鹿角珊瑚皆生长良好

时光从不等人，行动是最好的语言。

为了更好地保护涠洲岛珊瑚礁，必须禁止采挖珊瑚，必须保持海水清洁无污染，必须有节制地捕鱼，排除一切不利于涠洲岛珊瑚礁生存和

发展的人为干扰和影响，减轻涠洲岛珊瑚礁所面临的压力。

即便我们的生活看似与涠洲岛珊瑚礁没有直接的关系，但是要知道，我们同处于一个地球，我们的所作所为不可避免地影响着涠洲岛的珊瑚礁，全球气候变暖的影响就是其中一个典型例子。毕竟，自然可以没有人类，而人类却不能没有自然，因为自然是人类赖以生存的条件。

因此，我们必须减缓全球气候变暖的速度，否则，到 21 世纪末，世界上的珊瑚礁就会因海水温度上升而消亡殆尽，我们将不得不进入一个没有珊瑚存在的世界。

为此，我们每个人都要行动起来，从我做起，从小事做起，保护环境，减少污染，减少二氧化碳的排放，过低碳生活。一个人的力量和作用虽然有限，但是积少成多。我们中国有句古话说得好："人心齐，泰山移。"只有全人类共同努力，全球的珊瑚礁才可以得到延续，涠洲岛的珊瑚礁才可以早日修复。

必须发动越来越多的志愿者参与涠洲岛珊瑚保育及科考相关活动

到那时候，涸洲岛珊瑚礁将再度繁盛，重现往日美景：石花盛开，鱼翔浅底，虾舞长须，贝吐珍珠。珊瑚茂盛生长，珊瑚礁生态系统中生物众多，人类可以从中获取大量的鱼虾蟹贝，潜游其中欣赏美景，还能

放心居住在有珊瑚礁消浪护岸的海边，面朝大海，春暖花开，感恩着珊瑚礁带给地球的一切，欣赏着这幅人海和谐的美丽画卷！

期待未来再度繁盛的涠洲岛珊瑚礁世界